LES
DIFFICULTÉS VAINCUES,

NOUVEAU

TRAITÉ D'HORLOGERIE PRATIQUE

CONTENANT :

LE REPASSAGE DES MONTRES A ROUE DE RENCONTRE, LE RÉSUMÉ
DES CAUSES D'ARRÊT DANS CES MONTRES; LE REPASSAGE
DES MONTRES LÉPINE ET LES PRINCIPES
POUR L'EXÉCUTION DU CYLINDRE,

PAR M. LABEY.

ROUEN,

IMPRIMERIE DE A. PÉRON,
RUE DE LA VICOMTÉ, 55.

1851.

LES
DIFFICULTÉS VAINCUES,

NOUVEAU

TRAITÉ D'HORLOGERIE PRATIQUE

CONTENANT :

LE REPASSAGE DES MONTRES A ROUE DE RENCONTRE, LE RÉSUMÉ
DES CAUSES D'ARRÊT DANS CES MONTRES; LE REPASSAGE
DES MONTRES LÉPINE ET LES PRINCIPES
POUR L'EXÉCUTION DU CYLINDRE,

PAR M. LABEY.

ROUEN,

IMPRIMERIE DE A. PÉRON,
RUE DE LA VICOMTÉ, 55.
—
1851.

PRÉFACE.

Quoique l'horlogerie moderne soit une des professions les plus difficiles à acquérir, à cause des imperfections sans nombre dont elle est remplie, elle n'en est cependant pas moins privée de livres élémentaires, qui, en répandant les lumières des praticiens expérimentés, aplaniraient les difficultés que l'ouvrier, non encore pourvu des connaissances adultes, rencontre à chaque pas, et dont il ne devient vainqueur qu'à la suite d'un travail pénible, et après de longues années d'étude et d'expérience.

Mon intention en publiant cet ouvrage a été de rendre service à mes collègues; j'ai tâché de m'exprimer d'une manière aussi simple que claire, afin d'être compris par tous.

Je me suis abstenu avec soin de ces problèmes algébriques ou arithmétiques dont je suis loin de contester la vérité, mais qui passent très souvent incompris et fatiguent l'esprit plus qu'ils ne l'ornent; je me suis strictement tenu à enseigner les connaissances que doit posséder un bon praticien.

J'ai commencé d'abord par démontrer les soins que l'on doit apporter dans le repassage des montres ordinaires, afin d'obtenir les meilleurs résultats possibles, tant dans la bonne réussite de la marche que dans le réglage; je me suis ensuite occupé de leurs causes d'arrêt.

Je suis persuadé que cette partie de mon livre, si j'ai eu le bonheur de m'en acquitter convenablement, intéressera tous les horlogers; car quel est celui qui, dans les débuts de sa pratique, n'a pas eu à supporter cette somme de dégoût, de découragement et de déceptions amères dont les causes d'arrêt qui se manifestent d'une manière énigmatique et ténébreuse ne manquent jamais d'être le sujet.

Je me suis efforcé de donner la récapitulation complète de toutes ces causes, afin d'apprendre au jeune homme qui s'aventure dans les traverses de la carrière ouvrière, à se tenir sur ses gardes; si je ne puis réussir à lui donner entièrement l'expérience, j'aurai au moins la satisfaction d'en hâter considérablement la venue.

En outre, je pense que mon livre pourrait être d'une grande utilité aux patrons qui font des élèves; ne leur serait-il pas possible de se servir de cet ouvrage comme d'un livre élémentaire, et de le faire apprendre à leurs apprentis comme on étudie dans les classes une leçon de grammaire ou d'histoire ?

J'ai enseigné la marche à suivre pour bien faire le repassage des montres Lépine, qui est la meilleure partie de notre horlogerie commerciale ; je n'ai pas négligé non plus de démontrer les principes pour l'exécution du cylindre, comme étant une chose très essentielle dans la pratique.

Si j'ai eu le bonheur, par la publication de mon travail, de rendre quelque service à l'horlogerie et à mes collaborateurs, c'est la récompense que j'ambitionne le plus ardemment, et que je serais très heureux et très fier de mériter.

NOUVEAU

TRAITÉ D'HORLOGERIE

PRATIQUE.

*Du Repassage des montres à roue de rencontre
en général.*

Avant de sortir le mouvement de la boîte, regardez s'il n'y
aurait pas quelque mobile qui y touche, tels que la denture
de la roue de fusée, la roue de champ, la chaîne. Dans les
montres de col, où il y a une cuvette de laiton et des ressorts
d'acier, très souvent la chaîne ou son crochet touchent à l'une
de ces choses ; il est indispensable de faire le passage aux ressorts et presque toujours à la cuvette. Regardez si les aiguilles
sont bien ajustées, voyez si l'aiguille des minutes n'appuie
pas sur celle des heures ou sur le canon de la roue d'heures ;
voyez si le trou du cadran est assez grand pour ne pas gêner
le canon de l'aiguille des heures ; voyez si la roue d'heures a
le jeu convenable sous le cadran, si son canon n'est pas trop
grand. Quand la roue d'heures a trop de jeu sous le cadran,
ou bien que son canon est trop grand, il arrive que les aiguilles peuvent se crocher, quelquefois même ce défaut oc-

casionne un désengrènement partiel de la roue d'heures avec le pignon de roue de renvoi. Il est indispensable de remédier à ces inconvénients, en faisant un autre canon à la roue d'heures, quand elle en a un dont le trou est trop grand, et de corriger le jeu de cette roue sous le cadran, quand son défaut est d'en avoir trop.

Lorsque la montre remonte par le cadran, voyez si le carré de fusée ne dépasse pas de manière à ce que l'aiguille des heures s'y accroche ; quand elle remonte par la cuvette, le carré pourrait toucher au fond de la boîte ; il est bon de faire ces observations d'avance, afin d'y remédier quand la montre sera démontée.

Otez le cadran, examinez les engrenages de cadrature ; commencez par celui du pignon de chaussée avec la roue de renvoi ; s'il est trop faible, rapprochez le tenon dans le cas où il y en aura un ; s'il n'y en a pas, percez un autre trou dans la platine. Si, après cette opération, l'engrenage de roue d'heures est trop fort, tournez la denture de cette roue et donnez-lui un coup d'arrondir ; on en ferait autant à la roue de renvoi, si son engrenage avec la chaussée, au lieu d'être trop faible, était trop fort.

Vérifiez la grosseur du pignon de chaussée et de celui de roue de renvoi ; sachez que, lorsque les pignons mènent, ils doivent être un peu plus gros que lorsqu'ils sont menés.

Regardez si la denture du pignon de chaussée n'appuie pas sur la platine ; s'il en était ainsi, il faudrait, de toute rigueur, y remédier quand la montre sera démontée. On corrige ce défaut en fraisant la platine ou en tournant la face des ailes du pignon de chaussée , en y laissant toutefois une petite portée au centre , afin que la denture soit suffisamment éloignée de la platine.

C'est une bonne précaution , quand l'épaisseur de la platine le permet , de faire une goutte de suif au trou du centre, avec une fraise triangulaire, afin que l'huile ne puisse s'étendre.

Assurez-vous si la roue de renvoi, étant seule en place, a du jeu suffisamment sous le cadran ; si elle en a trop, chassez un petit bout de cuivre au centre du pignon, et limez ce bout de cuivre à la longueur nécessaire pour que la roue de renvoi ait le jeu convenable. Si la roue de renvoi roule dans la platine , faites bien attention à ce que le pivot ne dépasse pas dans la creusure du centre, dans la crainte d'accrocher les bras de la roue du centre.

Toutes ces remarques faites, démontez la montre entièrement ; voyez si les pieds de la platine sont solidement rivés , ajustez la petite platine , voyez si elle a du jeu sur ses pieds ; si elle en a, il faut y remédier en resserrant les trous qui sont trop grands.

Faites des jours aux platines pour voir les engrenages.

Regardez l'encliquetage de la roue de fusée ; lorsqu'il est placé entre la roue et la fusée , assurez-vous si le cliquet fait bien son effet, s'il est suffisamment libre ; faites attention à ce que la rivure du cliquet ne dépasse pas sous la roue de fusée; diminuez le ressort de cliquet qui presque toujours est trop fort ; cette précaution est nécessaire pour la conservation de l'encliquetage.

Dans les montres où l'encliquetage est placé sous la roue de fusée, commencez d'abord par serrer tout-à-fait les deux vis du rochet, pour voir si la fusée tourne sur la roue sans balottement et avec un frottement convenable. Il arrive très souvent que, lorsque les vis sont entièrement vissées, l'on ne peut plus faire tourner la fusée ; il faut remédier à cela en mettant le rochet sur un arbre à rebours, puis sur le tour, afin d'ôter de l'épaisseur au bord en approchant presque jusques aux trous des vis. Dans le cas où il y aurait trop à faire, on serait obligé de tourner un peu le cercle de la fusée, en la mettant sur un arbre excentrique ; il faut de toute nécessité que les vis soient entièrement serrées. Si, au contraire, les vis étant serrées, il existe un balottement entre la roue et la fusée, il faut ajuster cette dernière sur un arbre excentrique, et ôter un peu de matière au centre en quantité suffisante pour que le frottement soit bon.

Regardez si le cliquet fait bien son effet, s'il est solidement fixé, s'il ne dépasse pas la creusure ; si son ressort est trop fort, ce qui arrive souvent, il faut le diminuer. Mettez ensuite du suif ou de l'huile entre la fusée et la roue, afin de rendre le frottement plus doux ; mettez la roue de fusée seule en place, examinez si elle a le jeu convenable en cage ; regardez si elle est bien plantée, si ses trous ne sont pas trop grands, s'il y a du jour entre les platines par en bas et par en haut.

Faites-la tourner , pour voir si elle est libre ; assurez-vous si le crochet de fusée passe librement entre le garde-chaîne et la petite platine. Il est toujours prudent de diminuer un peu du dessous du crochet de fusée , dans la crainte qu'il ne s'arqueboute contre le garde-chaîne, lorsqu'il n'y a qu'un tour de chaîne de déroulé.

Mettez la roue du centre en place , mettez-y aussi la potence, afin de voir si cette dernière ne gênerait pas la roue du centre ou son pignon. Voyez si ladite roue du centre est libre , si elle a le jeu convenable en cage, si elle ne frotte nulle part dans sa creusure ; voyez si elle est plantée droite ; pour bien vous assurer de cela, mettez la tige qui porte le pignon de chaussée dans un outil à goupille , faites ensuite tourner les platines ; si elles tournent droites, la roue du centre est bien plantée ; si elles font le contraire, il faut replanter la roue du centre. Regardez s'il existe du jour entre elle et la roue de fusée ; s'il n'y en avait que très peu , les dentures seraient susceptibles de s'arquebouter l'une contre l'autre, ces deux mobiles roulant dans chacun leur sens.

Examinez scrupuleusement l'engrenage de roue de fusée avec le pignon du centre, calibrez minutieusement le pignon. Ne partagez pas l'erreur dans laquelle succombent la plupart des ouvriers, qui, presque tous, pensent que cet engrenage ne doit pas être susceptible , parce qu'il reçoit la somme entière de force motrice. Bien qu'il en soit ainsi, sachez que si le pignon du centre est trop gros (ce qui arrive très fréquemment à cause de l'ignorance ou de la négligence des ouvriers monteurs dans les fabriques), il peut occasionner de grands inconvénients. C'est bien souvent la proportion inexacte de ce pignon qui est cause de la mauvaise réussite d'une infinité de montres , quoique ces montres soient d'une bonne qualité et bien établies. C'est presque toujours de là que proviennent ces arrêts légers et énigmatiques qui ne se·manifestent que rarement, quelquefois à de longs intervalles, et à la correction desquels une très grande partie des ouvriers renoncent , parce qu'ils s'obstinent toujours à en chercher la cause dans les derniers mobiles de la montre.

Il est bien vrai que cet engrenage reçoit toute la force motrice , mais il y a cependant un raisonnement que l'on doit se faire. Si le pignon du centre est trop gros, l'engrenage est vicieux; il y a par conséquent arqueboutement plus ou moins fort entre la dent entrante de la roue et la dent entrante du pignon. L'arqueboutement est d'autant plus facile, en ce que la roue de fusée et la roue du centre sont les deux mobiles qui font leurs révolutions le plus lentement, et qu'ils ont après eux tout un corps de rouage qui leur offre une résistance. Il s'opère donc une déperdition de cette force motrice qui n'est pas communiquée aux autres mobiles dans les proportions voulues ; il arrive par conséquent des moments partiels où les derniers mobiles ne sont pas commandés suffisamment ; de là il résulte inévitablement un arrêt qui se manifeste sous un aspect plus ou moins léger.

Sachez que , pour qu'il y ait harmonie complète dans n'importe quelle espèce de pièce d'horlogerie, il faut que la proportion des pignons soit telle, que la transmission de la force motrice puisse être directe et continue, sans le plus petit obstacle, depuis le premier mobile jusqu'au dernier. Il ne peut y avoir harmonie parfaite qu'autant que les grosseurs respectives des pignons, par rapport aux roues, sont prises avec soin.

Les meilleures proportions reconnues par les praticiens habiles sont celles-ci : Pour un pignon de 12, le diamètre est de cinq dents sur les pointes (il est bien entendu que la mesure se prend sur la denture de la roue dans laquelle le pignon engrène); pour un pignon de 10, le diamètre est de 4 dents pleines de la roue. Pour un pignon de 8, le diamètre est de 4 dents d'un point à l'autre, c'est-à-dire qu'il doit se trouver dans les pointes du calibre trois espaces vides et deux dents. Pour un pignon de 7, le diamètre est de 3 dents pleines de la roue, sans être arrondies. Pour un pignon de 6, le diamètre est de 3 dents sur les pointes.

Lorsque le pignon du centre est plus gros que les proportions données plus haut, il faut de toute nécessité le diminuer; pour cet effet, on fait un repère à une aile de ce pignon, on en fait également un à la roue, afin de le replacer exactement dans le même sens qu'il est; ensuite, on le déchasse de la roue, on met un cuivrot sur sa tige, et on le diminue sur le tour. Quand la proportion est bien donnée, on arrondit les ailes ; si la face se trouve endommagée, on peut la repolir sur le compas d'engrenage ; ce procédé est le plus prompt, le plus commode et celui qui réussit le mieux. Il consiste tout simplement à mettre un cuivrot sur la tige du pignon , ensuite de mettre ce pignon entre les deux broches du compas , puis de prendre un petit arbre à rebours , de tourner une mince plaque de cuivre sur cet arbre ; il faut faire en sorte que la plaque de cuivre soit bien dressée sur le tour par le côté qui frottera contre la face du pignon. On met le petit arbre à rebours , avec sa plaque de cuivre, entre les deux autres broches du compas ; on approche l'arbre à rebours , de manière à ce que la plaque de cuivre frotte contre la face du pignon. On met du rouge à l'acier bien broyé sur la plaque ; puis, avec deux archets , on fait circuler rapidement le pignon et la plaque frottant l'un contre l'autre dans un sens contraire ; par ce moyen , la face du pignon se fait très vite et est très bien polie.

Quand le pignon est remonté de nouveau sur sa roue , il faut examiner comment se fait l'engrenage. Il arrive presque toujours qu'il se trouve trop faible , c'est une preuve irré-cusable qu'il était vicieux auparavant. Pour mettre l'engrenage dans les proportions qu'il doit avoir , on *étire* le trou du carré de fusée , puis on le rebouche avec un bouchon tourné , ensuite on replante le trou de la petite platine.

Regardez si le garde-chaîne est libre , s'il est de longueur convenable , s'il se trouve bien en face du bout du crochet de fusée ; faites attention à ce qu'il n'ait pas de ballottement et qu'il ne tombe pas sur les *pas* de la fusée.

Mettez le barillet en place , assurez-vous s'il est bien planté ; s'il y a du jour entre les deux platines et la roue du centre.

Regardez s'il ne touche pas au pignon du centre ou à la denture de la roue de fusée.

Sachez que l'arbre de barillet ne doit pas avoir de jeu en cage; s'il en a, il faut le corriger en rebouchant un trou, ou en mettant une virole très mince à la portée de l'arbre.

Démontez le barillet, retirez le ressort, mettez l'arbre en place, rajustez le couvercle pour vous assurer si le barillet est libre, s'il n'a pas trop de jeu, s'il tourne droit sur son arbre, point essentiel. Dans le cas où il ne tournerait pas droit, vous le dresseriez par le couvercle; pour cet effet, vous mettriez le carré de l'arbre dans une pince à boucle; avec le doigt vous feriez tourner doucement le barillet, vous remarqueriez le côté qui approche le plus près de la pince, puis, vous frapperiez légèrement, sur le tas de l'étau, le dessous du couvercle, du côté le plus haut, ensuite vous limeriez un peu au côté le plus bas, dans le cas où cela serait nécessaire.

Par ce moyen, vous arriverez immanquablement à dresser parfaitement le barillet; assurez-vous ensuite si l'arbre est de grosseur convenable; sachez que le diamètre de la bonde doit être le tiers du diamètre vide du barillet. Si l'arbre est trop gros, diminuez-le sur le tour en vous servant d'un arbre excentrique; si, au contraire, il est trop petit, ajustez-y un petit cercle de cuivre que vous soudez à l'étain; vous reper-cerez le trou du crochet bien au milieu; vous devez faire bien attention à cela, car, s'il n'en était pas ainsi, il arriverait que les lames du ressort se toucheraient fortement, ce qu'il faut éviter.

Regardez si le crochet, qui est dans l'intérieur du barillet, n'est pas trop fort, et s'il est bien au milieu de la hauteur du vide. Choisissez un bon ressort qui se déploie bien, qui soit bien vif, faites-lui ses *œils*, donnez-leur la forme d'un carré long, puis, mettez le ressort dans le barillet, faites en sorte qu'il emplisse bien la hauteur du vide ; une bonne quantité de force motrice est toujours avantageuse, en ce que les frottements et la résistance des huiles deviennent beaucoup moindres. Voyez combien la chaine fait de tours sur le barillet, si elle en fait trois et demi, ce qui est assez l'ordinaire, donnez au ressort le vide convenable pour qu'il donne quatre tours et demi ou un quart moins de cinq tours de déploiement ; afin que, lorsqu'il sera armé de ses trois-quarts de tour de bande, il reste un quart ou un demi-tour de vide quand la montre sera remontée.

Vérifiez ensuite si le ressort est bien égal ; on se sert pour cela d'un pèse-ressort ; si on trouvait qu'il y eût trop d'inégalité du bas en haut de la fusée, il faudrait changer le ressort ; on est quelquefois obligé de ne l'armer que d'un quart de tour de bande, c'est lorsqu'il tire moins fort dans le haut de la fusée que dans le bas.

Quand le ressort sera bien égalisé, vous aurez soin de faire un petit repère sur le bout du pivot de l'arbre de barillet, et un autre à la platine vis-à-vis, afin de pouvoir redonner la même bande au ressort.

Assurez-vous, le barillet étant en place, si la chaîne passe librement entre la potence. Voyez aussi si elle passe librement sur les pas de la fusée.

Calibrez les pignons de petite moyenne, de la roue de champ et de la roue de rencontre ; s'ils sont trop gros, diminuez-les, donnez-leur les proportions requises selon leur nombre d'ailes.

Mettez la petite moyenne en place, voyez si elle est bien plantée, si elle tourne rond, si elle ne frotte ni à la roue du centre, ni à la platine. Mettez également la roue de champ en cage, voyez si elle est plantée droite, si la petite moyenne ne lui touche pas.

Vérifiez l'engrenage de la roue du centre avec le pignon de petite moyenne ; sachez que le pignon de cette roue, quand il est de six, demande plus particulièrement à être bien proportionné, lorsqu'il tient du petit et qu'il est de six, il procure à la montre des précipitations très désagréables à l'oreille et contraires au réglage.

Il serait bien à désirer que les horlogers, en commandant leurs montres, exigeassent que, bien que les pignons de roue de champ et de roue de rencontre soient de six, que le pignon de petite moyenne fût de huit ; on rendrait les précipitations impossibles par ce moyen, et on obtiendrait une harmonie plus parfaite dans la marche, comme dans le réglage des pièces.

Examinez attentivement l'engrenage de petite moyenne avec le pignon de la roue de champ ; sachez que cet engrenage demande à être minutieusement bien fait ; qu'il doit être dans ses proportions les plus exactes. On doit surtout se garder de le laisser tenir du *fort*.

Quand il arrive qu'il se trouve un des deux engrenages de mauvais, soit celui de la roue du centre avec le pignon de petite moyenne, ou celui de la petite moyenne avec le pignon de la roue de champ, on y remédie, sans perte de temps, en déplaçant la petite moyenne ; car on est presque toujours obligé de diminuer les pivots du pignon de cette roue et ceux du pignon de la roue de champ qui sont habituellement laissés trop gros dans les fabriques.

Voici la marche que l'on doit suivre : on commence d'abord par faire de beaux pivots, bien cylindriques, parfaitement polis ; on arrive à cela facilement avec un tour à la *Jacquot* et un bon brunissoir ; on lève ensuite des biseaux afin de réduire les frottements le plus possible ; puis, dans le cas où il se trouve un des deux engrenages de vicieux, on commence d'abord par reboucher au cuivre dur les deux trous de la roue de champ. Les bouchons tarraudés sont ceux qui s'ajustent le plus facilement et ceux qui tiennent le mieux. Il faut apporter la plus grande attention à ce que les trous soient équarris parfaitement droits, afin que la roue, lorsqu'on la met dans ses trous l'un après l'autre, ait un petit ballottement égal dans tous les sens ; c'est de ce soin que dépend la parfaite liberté des mobiles. Il faut donner le jeu convenable, en cage, à la roue ; puis, arrondir le bout des ponts en goutte de suif et les bien polir.

Ensuite, on bouche les deux trous de la petite moyenne avec des bouchons pleins ; on prend le compas d'engrenage, on commence d'abord à faire, sur cet instrument, l'engrenage de roue de centre avec le pignon de petite moyenne, on met cet engrenage dans ses véritables proportions , on se donne de garde de le faire fort , à cause des précipitations qu'il occasionne quand c'est un pignon de six.

L'engrenage bien fait sur le compas , on met une pointe de cet instrument dans le trou du centre, puis , avec l'autre pointe, on décrit un petit trait sur le pont de la petite moyenne. On ôte la roue du centre, on met la roue de champ, on fait l'engrenage de petite moyenne avec le pignon de la roue de champ , on se donne encore de garde de le faire fort parce qu'il serait susceptible de faire arrêter la montre ; lorsqu'il est bien fait, on place une pointe du compas dans le trou de la roue de champ , puis, avec l'autre pointe, on décrit de nouveau un petit trait sur le pont de la petite moyenne. La jonction des deux traits, l'un sur l'autre , est le point de centre où l'on doit percer le trou pour le pivot du pignon de la petite moyenne ; lorsque le trou est percé, on plante celui de la petite platine. Si l'on a bien fait les engrenages sur le compas, on peut être certain qu'ils seront bons , les mobiles étant en cage. Pour qu'un engrenage de pignon de six soit bien fait, il faut d'abord avant toute chose que le pignon soit de grosseur voulue ; il faut ensuite que, lorsque la dent sortante de la roue quitte l'aile du pignon , la dent entrante de la roue tombe sur l'aile du pignon avec une toute petite chute imperceptible ; aux autres pignons il ne doit pas y avoir de chutes.

Donnez à la petite moyenne le jeu et la liberté nécessaires

en cage ; arrondissez le bout de son pont en goutte de suif et polissez-le bien ; dégagez dans les réservoirs, sans cependant, autant que possible, en ôter la dorure ; afin que les pivots affleurent. Mettez les quatre mobiles en cage, faites courir le rouage pour voir s'il est parfaitement libre et en harmonie.

Ebarbez la denture de la roue de champ ; si sa denture était trop épaisse, il serait prudent de la diminuer. Pour ébarber une roue de champ, on se sert d'un lime douce, déjà un peu usée, on appuie les bras de la roue de champ sur le bout du manche d'un feutre que l'on presse dans l'étau, puis on dirige toujours la lime vis-à-vis de la tige de la roue, afin de maintenir la denture la plus régulière possible, aussi bien à l'intérieur qu'à l'extérieur.

Voyez les pivots de la roue de rencontre ; s'ils sont trop gros, diminuez-les ; pour que les pivots soient bien proportionnés dans une montre, il faut que les pivots de la roue de champ soient plus petits que ceux de la petite moyenne, et ceux de la roue de rencontre, un peu plus petits que ceux de la roue de champ. En même temps que vous diminuerez les pivots de la roue de rencontre, examinez si cette roue n'aurait pas besoin d'être *frisée* ; dans le cas où vous seriez obligé de lui faire cette opération, vous agiriez bien doucement, dans la crainte de courber les dents, puis vous bruniriez bien le bout de sa denture avec un petit brunissoir ; ce soin est nécesaire pour empêcher autant que possible la verge de se piquer.

Il y a des horlogers qui passent leurs roues de rencontre à l'acide nitrique ; c'est une bonne précaution, en ce sens que les matières qui se trouvent dans les pores du cuivre , et plus impures que le cuivre lui-même , sont les premières attaquées par l'acide. Quand on veut faire cette opération , on remplit l'intérieur de la roue de rencontre avec du suif, de la cire vierge ou du mastic , afin que le pivot ne soit pas endommagé ; cette précaution ainsi prise , on plonge la roue de rencontre dans l'acide , on l'y laisse jusqu'à ce qu'elle paraisse dorée, ensuite on la lave promptement dans l'eau fraîche , puis dans l'esprit de vin. Une roue de rencontre ainsi préparée , devient très agréable à l'œil , à cause de l'aspect de dorure que cette préparation lui donne.

Polissez bien les pivots de la verge ; s'ils sont trop gros , diminuez-les. Mettez la roue de rencontre en place, voyez si sa tige est bien parallèle avec la petite platine ; si elle ne l'était pas il faudrait l'y mettre.

Faites un trait léger sur la platine, tout le long de la tige de la roue de rencontre ; ce trait servira à indiquer la ligne que suit la tige du pignon, et lorsque vous équarrirez les trous du nez de lardon et celui de la contre-potence , vous tiendrez l'équarrissoir dessus , en le maintenant bien parallèlement à la platine , afin que les trous de la roue de rencontre soient bien droits. Ce point est un des plus essentiels , on ne peut pas y apporter une trop grande attention. C'est de ce soin que dépend la parfaite liberté de la roue.

Il y a des horlogers qui bouchent les trous du nez de lardon et celui de la contre-potence avec des bouchons pleins, seulement centrés, puis ils percent leurs trous, les pièces étant en place ; ils commencent par celui du nez de lardon, ils tiennent la tige du foret sur le trait léger , et bien parallèlement à la platine ; ils en font autant pour le trou de la contre-potence, cette dernière étant en place, et dans la position convenable pour que la roue de rencontre, lorsqu'elle est montée , ait le jeu suffisant ; ensuite, ils équarrissent les trous, en tenant également l'équarrissoir sur le trait ; cette méthode est excellente , on ferait bien de s'en servir toujours.

Ebiselez le trou du nez de lardon de manière à ce que le pivot dépasse dans le réservoir ; ébiselez aussi celui de la contre-potence , afin que le bout du pivot appuie bien sur la plaquette. Arrondissez le bout de la contre-potence en goutte de suif, faites en sorte que le bout de cette pièce, lorsqu'elle est en place , ne touche pas à la platine ; car si l'on n'a pas cette précaution , toute l'huile que l'on mettra pour le pivot de la roue de rencontre , s'en ira se perdre à la platine, de sorte que le pivot se trouvera à sec ; il faut de toute nécessité obvier à cela, en diminuant le bout de la contre-potence , de manière à ce que l'on voie du jour entre la platine et l'extrémité qui est arrondie en goutte de suif ; il ne faut pas non plus que le bout de la plaque de contre-pivot touche à la platine. Il est bien entendu qu'il n'est fait mention ici que des contre-potences qui sont dans l'intérieur des montres, les autres n'ont pas ces inconvénients.

Regardez si la verge est bien plantée , dans le cas où elle ne le serait pas, vous la replanteriez ; lorsque vous équarrirez le trou du nez de potence , vous mettrez la potence en place , afin d'équarrir le trou bien droit ; équarrissez celui du coq également , le plus droit que vous pourrez. Vous ferez en sorte que les pivots dépassent et appuient sur leurs contre-plaques , et que ces plaques approchent tout-à-fait. Vous aurez le soin d'arrondir le nez de potence en goutte de suif , vous en ferez autant au coqueret , s'il y en a un. Dans le cas où le pivot de la verge roulerait dans le coq , il faudrait faire une fraisure autour du trou avec une fraise triangulaire , afin que l'huile ne puisse se disperser.

A ce point du repassage , mettez la roue de rencontre et la verge en place, pour vous assurer si la denture de la roue d'échappement n'approche pas trop près du bas de la petite palette ; puis faites l'engrenage de champ. Ayez soin de le tenir fort , et de bien dresser la roue de champ. Il serait à désirer que l'on pût faire l'engrenage de champ à volonté , sans avoir besoin d'emboutir la roue à chaque instant. Ne serait-il pas possible de faire rouler cette roue , toujours entre deux ponts, de faire ces ponts longs, et d'y ajuster à chacun une vis de rappel, de manière à ce que l'on puisse élever ou descendre la roue , selon qu'il en serait besoin ? Regardez si la contre-potence ou ses vis ne gênent pas la roue de champ.

Examinez la coulisserie pour voir si elle fonctionne bien ; si le rateau avait trop de liberté , il faudrait y remédier en limant au-dessous de la coulisse. Si l'engrenage de roue de rosette avec le rateau était trop faible , il faudrait frapper la roue tout au tour sur le tas ; on réussit toujours à corriger ce défaut par ce moyen.

On est quelquefois obligé de mettre deux petites goupilles une à chaque bout de la coulisse, pour empêcher le rateau de sortir de sa place.

Voyez si le trou du piton du spiral se trouve bien dans la même ligne de circonférence que les goupilles du rateau; dans le cas où il n'y serait pas , il faudrait en percer un autre, où bien changer de place les goupilles du rateau. A l'égard de ces goupilles , il faut les tenir le plus longues possible , afin d'empêcher que la lame du spiral puisse sauter à la suite d'une secousse imprimée à la montre.

De l'Echappement.

Les soins que l'on doit apporter pour obtenir la parfaite harmonie de l'échappement sont très grands, il faut d'abord savoir si la verge est d'une bonne ouverture, laquelle doit être de 95 à 100 degrés, un peu plus que l'équerre. Une verge, plus ouverte que 100 degrés, donne un très mauvais réglage à la montre ; avec une verge qui n'est pas assez ouverte, on ne peut obtenir des levées suffisantes.

Quand une verge a trop ou trop peu d'ouverture , il faut y remédier en la refermant ou l'ouvrant selon qu'il en est besoin. Il y a un outil spécial pour cette opération que l'on trouve chez les marchands de fournitures. Bien des ouvriers ont de petits moyens à eux pour suppléer à l'outil; comme ils réussissent plus ou moins bien, il n'est pas nécessaire d'en faire la rélation ici; dans le cas où l'on n'aurait pas ce qu'il faut pour remédier à cet inconvénient, il vaudrait mieux mettre une autre verge.

Il ne faut pas non plus que les palettes de la verge soient trop larges , leur largeur doit toujours être proportionnée au diamètre et au nombre de dents de la roue de rencontre. Pour une roue de onze dents , la largeur des palettes de la verge doit être la cinquième partie du diamètre de la roue. Pour une roue de treize dents, la largeur des palettes de la verge doit être un peu plus que la sixième partie du diamètre de la roue Pour une roue de quinze dents la largeur des palettes de la verge doit être la sixième partie du diamètre de la roue. Toutes ces observations faites, mettez la roue de rencontre en place , mettez y également le balancier, afin de donner la quantité de levée convenable à l'échappement.

Dans l'échappement à roue de rencontre, comme dans les échappements connus, la somme totale des levées doit être de 40 degrés , 20 degrés pour chaque levée. Le moyen de donner juste la quantité de levée convenable, est de prendre avec le compas la troisième partie du diamètre du balancier ; cette troisième partie représente les 40 degrés que l'échappement doit tirer. Pour vérifier, on pose les deux pointes du compas sur le bord du coq, puis on approche la roue de rencontre par la vis de rappel que l'on ne doit jamais oublier de mettre au lardon ; on approche donc l'échappement assez pour que la goupille de renversement qui est au balancier aille d'une pointe du compas à l'autre, il faut ensuite bien partager les chutes de la roue de rencontre en vissant ou dévissant la vis de rappel qui est au bout de la potence. Quand les roues de rencontre sont injustes, on ne peut pas obtenir assez de levée, mais on modifie de beaucoup l'inégalité de ces roues en se servant du moyen suivant : On approche la roue de rencontre le plus près possible, on fait en sorte de la faire accrocher légèrement sur la petite pallette, de manière à ce que l'on voie toutes les dents qui ne passent pas ; on fait une petite remarque à chacune de ces dents, puis avec des brucelles, on leur courbe un peu la pointe en dedans ; on essaie plusieurs fois si cela est nécessaire, et on parvient immanquablement à corriger de beaucoup l'inégalité de la roue et à obtenir la quantité de levée suffisante.

Vérifiez si les renversements sont sûrs ; pour cette opération, mettez un petit morceau de papier entre le coq et le balancier, de manière à ôter la liberté de ce dernier et qu'il reste dans la position qui lui est donnée. Conduisez la goupille de renversement au bout de la coulisse ; regardez si le renversement de la grande palette est bien sûr ; faites-en autant pour la petite palette. Otez le spiral, mettez le balancier en parfait équilibre, et faites lui tirer ses minutes. Quelques ouvriers nettoient leur montre avant de donner le poids convenable au balancier, mais il est préférable de le proportionner avant le nettoyage, en ce que l'on est susceptible de salir la platine si l'on fait cette opération la dernière.

Pour ce qui est du balancier, on doit toujours observer de ne pas laisser les bras trop forts, ni le centre d'une trop grande dimension ; ces défauts ne sont propres qu'à augmenter les frottements, sans servir à l'inertie qui ne vient que du cercle.

Avant de faire tirer les minutes, il est nécessaire de bien nettoyer les trous des pivots de toutes les roues, de donner la bande convenable au ressort, et de mettre de l'huile partout, comme si la montre était arrangée. Les praticiens habiles s'accordent tous à proportionner le poids et l'inertie des balanciers, de manière à ce que ces balanciers, étant mis sans spiraux, donnent un nombre tel de vibrations, que la grande aiguille parcoure vingt-cinq minutes dans l'espace d'une heure.

Ferdinand Berthoud est d'avis que, lorsque la montre possède un ressort qui domine fortement les frottements, de faire tirer vingt-six minutes ; quand au contraire le ressort est faible, et que, par conséquent, les frottements ont beaucoup d'empire, il conseille de ne faire tirer que vingt-quatre minutes (seulement) pour que la montre n'arrête pas au doigt. Cet auteur célèbre prétend, par cette combinaison, modifier beaucoup les effets du chaud et du froid sur les montres, démontrant par ses principes que le froid procure une tention au spiral de telle sorte que les vibrations sont accélérées, de même que la chaleur le dilate et lui procure un ramolissement qui tend naturellement à faire retarder la montre. Si le spiral suit les variations de la température, l'huile les suit également, mais dans un sens contraire, c'est-à-dire que si le froid raidit le spiral, ce qui fait avancer la montre, l'huile s'épaissit et augmente les frottements, ce qui au contraire tend à faire retarder la pièce; donc, s'il est possible de donner une pesanteur telle au balancier que le spiral se raidisse dans la même proportion, que l'huile en s'épaississant augmente les résistances, il existera une compensation qui empêchera la montre d'éprouver dans sa marche l'influence des variations atmosphériques. C'est ce que M. Ferdinand Berthoud prétendait obtenir en faisant trirer 24, 25 ou 26 minutes selon qu'il le pensait nécessaire d'après la quantité de force motrice et la résistance des frottements.

Ces questions étant très ardues et tout-à-fait en dehors du plan que je me suis tracé, j'engage les amateurs qui désireraient avoir de plus amples instructions à cet égard, à se procurer le savant ouvrage de M. Ferdinand Berthoud intitulé : *Essai sur l'horlogerie.*

Lorsque le balancier possèdera les proportions requises et qu'il sera bien d'équilibre, il faudra lui choisir un spiral. Il n'est pas possible de donner de règle à suivre pour choisir ce ressort de force convenable, il n'y a que l'habitude et l'expérience qui puissent guider dans cette opération. Cependant on doit toujours prendre de préférence un spiral que l'on pense être un peu trop faible, parce qu'il est toujours loisible d'en ôter au centre et à l'extrémité. Lorsqu'en essayant on sera parvenu à s'en procurer un de force convenable, on le centrera bien. Pour cet effet, on le retirera du balancier, puis on le mettra seul en place sur la platine, ensuite on fera faire bien le rond, dans tout le cours du rateau, à la lame réglementaire qui est retenue dans les goupilles, afin que cette lame soit toujours parfaitement libre. Ce point est extrêmement essentiel pour le réglage. Ensuite on mettra le centre de la virole bien exactement sur le trou de la verge qui est au nez de potence. Il est de première nécessité de bien centrer un spiral pour deux raisons principales, d'abord pour le réglage, ensuite pour la conservation des pivots de la verge. Le diamètre du ressort spiral doit être la moitié de celui du balancier; quand sa dimension est plus grande, il empêche le balancier de décrire d'aussi grands arcs; lorsque dans un repassage on s'aperçoit que le diamètre est trop grand, il est bon d'y remédier en perçant un autre trou pour le piton et en allongeant la queue du rateau pour rapprocher les goupilles du centre.

Toutes ces opérations étant faites, la montre est repassée; il faut la nettoyer. Il est utile que la montre se trouve réglée, l'aiguille de rosette étant au milieu, parce que, à mesure que le ressort se rendra, que les pivots perdront de leur poli et que l'huile s'épaissira, la montre ira toujours en retardant jusqu'à ce qu'elle ait pris son état constant.

DES
CAUSES D'ARRÊT

MONTRES A ROUE DE RENCONTRE.

L'une des difficultés les plus grandes à vaincre en horlogerie, c'est de savoir juger une cause d'arrêt d'après la manière dont elle se manifeste, et d'arriver facilement à la trouver ; c'est là où une infinité d'ouvriers échouent, et n'arrivent lentement qu'après de longues années d'étude et d'expérience. Mon intention est ici de rendre facile la recherche de ces causes, quelque minutieuses qu'elles soient, à quiconque voudra se donner la peine d'examiner sérieusement la méthode que je vais indiquer. Il faut d'abord pour parvenir à juger aisément les causes d'arrêt, se classer dans l'imagination toutes les susceptibilités qui peuvent nuire à la parfaite harmonie qui doit toujours exister dans une montre.

Les arrêts doivent se classer en deux catégories bien distinctes : en arrêts forts, c'est-à-dire ceux qui se manifestent d'une manière fortement accentuée et que la montre ne reprend pas sa marche, quelque mouvement qui lui soit communiqué ; en arrêts faibles, ceux qui se manifestent légèrement et d'une manière timide. et, qu'à la plus petite secousse imprimée, la montre repart.

Des arrêts forts.

Lorsqu'une montre est arrêtée fortement, la première inspection que l'on doit faire c'est de regarder si les aiguilles ne sont pas crochées , si l'aiguille des minutes n'est pas trop longue , si elle ne touche pas au verre ou au cadran , si elle n'appuie pas sur celle des heures ; si cette aiguille des heures n'est pas gênée dans le trou du cadran , si elle n'est pas crochée au carré de fusée ; cela arrive souvent lorsque les cadrans sont en or, parce qu'ils se trouvent fréquemment enfoncés tout autour du carré , ce qui fait que celui-ci dépasse. Assurez-vous si la roue d'heures est libre sur la chaussée et sous le cadran. Ouvrez le mouvement , regardez s'il n'y aurait pas de causes de boîte qui pourraient être celles-ci : la denture de la roue de fusée et la roue de champ frottant contre la boîte, le crochet de la chaîne qui tient au barillet pourrait y toucher également, surtout lorsqu'il y a une cuvette de laiton. Le coq pourrait être pressé au fond de la boîte ; on s'assure de cela en mettant de l'huile ou du rouge sur la partie qu'on juge la plus haute , puis on referme le mouvement pour voir si cette partie ne touchera pas au fond de la dite boîte. Avant de lever le cadran. il faut s'assurer si ses pieds ne gênent pas quelque mobile, soit le barillet ou la roue de fusée ; s'assurer si la roue de renvoi est libre. Le cadran levé , il faut voir si le pivot de la roue de renvoi , lorsqu'elle n'est pas portée par un piton , ne dépasse pas dans l'intérieur de la montre et n'accroche pas les bras de la roue du centre. Voyez si les engrenages de cadrature sont bons ; assurez-vous si la denture du pignon de chaussée n'appuie pas sur la platine ; cette cause se rencontre très fréquemment.

Assurez-vous ensuite si les vis du ressort de verrou , du cliquet , du coq, de la coulisse, de la rosette, ne dépassent pas dans l'intérieur et ne gênent point le barillet dans ses révolutions. Le barillet peut être d'un diamètre trop grand , de sorte qu'il peut toucher soit au pignon du centre ou bien à la denture de la roue de fusée. La chaîne peut aussi être cause de quelques arrêts , premièrement quand le passage n'est pas assez grand pour elle entre le barillet et la potence , lorsqu'elle monte l'une sur l'autre , quand le crochet qui tient dans la fusée est trop fort et qu'il ne peut passer entre le pignon du centre ; ensuite quand la goupille qui retient le crochet dans la fusée se soulève dans le pas de dessus et empêche le développement de la chaîne dans son dernier tour sur la fusée. J'ai rencontré une seule fois une cause assez singulière produite par la chaîne. La montre étant remontée presqu'entièrement , un maillon de la dite chaîne s'était soulevé et arquebouté contre le garde-chaîne, suffisamment pour causer l'arrêt de la montre.

La roue de fusée peut causer des arrêts si la rivure du cliquet dépasse et s'accroche dans la roue du centre. Quand l'encliquetage est sous la roue , les vis, le cliquet, le ressort de cliquet, s'ils dépassent la creusure, peuvent également s'accrocher dans la roue du centre. S'il n'y a pas assez de jour entre la roue de fusée et celle du centre, ou bien si elles ne sont pas plantées droites, leurs dentures peuvent s'arquebouter l'une contre l'autre, ces deux mobiles faisant leurs révolutions dans des sens opposés. La goutte de fusée, lorsqu'elle est trop épaisse, qu'elle dépasse sa creusure, peut gêner la roue du centre et causer un arrêt.

Le garde-chaîne peut avoir trop de jeu de bas en haut, puis descendre sur les pas de la fusée et s'arquebouter suffisamment contre eux pour gêner beaucoup la montre dans sa marche. Si le crochet de fusée n'a pas été adouci en dessous à l'endroit de son passage sur le garde-chaîne, celui-ci peut, s'il est épais, l'empêcher de passer au premier tour de développement de la chaîne et causer l'arrêt de la montre.

Les arrétages à coulisse, qui sont placés sous la plaque de fusée, peuvent quelquefois occasionner un arrêt, s'ils ne sont pas libres, ou bien lorsque la tige qui arrête est trop longue. Il est de première nécessité de s'assurer si les vis de la rosette, de la coulisse, n'appuient pas sur la plaque de fusée.

La roue du centre peut frotter fortement au barillet, à la roue de fusée ; dans quelques calibres, elle peut toucher à la plaque de potence, ou bien le pignon du centre peut frotter au nez de potence, en suffisante quantité pour arrêter la montre. La roue du centre peut en outre ne pas être libre dans sa creusure, surtout lorsque l'on a rebouché un trou à la platine, soit pour le barillet ou pour la fusée ; très souvent l'effet de la rivure du bouchon cause un bombé dans l'intérieur du cercle de la creusure, qui peut, si l'on n'a pas eu la précaution d'y remédier, gêner assez la circulation de la roue du centre pour causer l'arrêt. Il faut visiter l'engrenage de roue de centre avec le pignon de la petite moyenne, et s'assurer s'il est bon ; dans les calibres où cette dernière passe sous la roue du centre, ces deux roues peuvent frotter l'une contre l'autre. Il faut s'assurer si la petite moyenne a du jeu en cage, si elle n'est pas gênée dans sa creusure, si elle est plantée droite ; car, s'il n'en était pas ainsi, elle pourrait toucher à son pont par un côté ou par l'autre, ou bien à la roue du centre. Dans les calibres où elle passe par-dessus la roue du centre, il faut examiner si la vis de son pont ne lui touche pas, si son pignon n'est pas gêné dans la platine, si l'extrémité de sa denture ne touche pas un peu, soit à la roue de fusée, soit au nez de potence ou à la plaque, quelquefois au pied de la platine qui se trouve près d'elle, ou bien au verrou. Il faut examiner s'il y a du jour entre elle et les bras de la roue de champ, et s'il en existe aussi du côté opposé entre elle et la roue de rencontre.

Voilà le résumé des arrêts qui peuvent être qualifiés du nom de forts, et qui peuvent être jugés en ôtant seulement le cadran de la montre ; ce sont ceux-là qui, du reste, sont les plus faciles à trouver ; j'ai pensé qu'il était utile d'en faire mention, pour rendre l'intelligence des arrêts faibles plus aisée, et apprendre aux praticiens non encore expérimentés à se tenir sur leurs gardes, même dans les choses les moins difficultueuses.

Des arrêts faibles.

Lorsqu'une montre s'arrête par intervalles plus ou moins longs et qu'elle reprend sa marche à la moindre impulsion qui lui est communiquée, on doit d'abord examiner si l'engrenage de champ n'est pas trop faible , si le pignon de la roue de rencontre ne paraît pas trop gros , si la denture de la roue de champ engrène en plein dans le pignon de la roue d'échappement, si les bras ou le cercle de la roue de champ ne sont pas gênés par la contre-potence ou par ses vis. Il arrive quelquefois que la vis du coq qui se trouve souvent sur la contre-potence presse cette dernière de manière à rendre l'engrenage de champ trop fort. Il faut examiner si la roue de champ est plantée droite , si elle a le jeu nécessaire en cage , si elle ne serait pas dérivée de sur son pignon. Il arrive quelquefois , dans les montres de col modernes , lesquelles sont généralement très mal faites , que, bien que l'engrenage de champ paraisse bon , il y ait pression produite par une aile du pignon de roue de rencontre sur une dent de la roue de champ. C'est une espèce d'arqueboutement opposé à ceux qui se présentent, lorsque l'engrenage de champ est trop faible ; c'est au contraire la dent déjà entrée de la roue de champ qui se trouve pressée dans l'intérieur de deux ailes du pignon, mais seulement par l'aile qui vient d'effectuer son entrée ; la dent sortante de la roue n'ayant pu effectuer sa sortie, la denture de la roue de champ dans cette position se trouve sans liberté, ni dans un sens ni dans l'autre. Cette cause se présente toutes les fois que la denture de la roue de champ est trop épaisse et que les ailes du pignon sont trop grosses.

Règle générale : pour que les engrenages se fassent avec une harmonie parfaite, il faut qu'à la denture de la roue il y ait plus de vide que de plein, et que les ailes du pignon soient minces. Cette exigence s'applique encore plus spécialement à l'engrenage de champ qu'aux autres.

Il faut s'assurer, en regardant par-dessous les bras de la roue de champ, si les deux tiges du pignon de la roue de rencontre et celle du pignon de la roue de champ ne se toucheraient pas. On examinera si le pignon de la roue d'échappement ne serait pas coupé ou mal divisé, si la denture de la roue de rencontre ne passerait pas trop près du b as de la petite palette de la verge. On vérifiera, en tournant la montre sur tous les sens, s'il n'y aurait pas de léger accrochement ou un faible renversement. On examinera si le cercle du balancier ne tournerait pas mal rond et qu'il fût, par ce motif, gêné par les pieds du coq; on s'assurera si les bras de ce balancier ne frotteraient pas, soit au piton du spiral ou bien aux goupilles du rateau, ou bien encore aux vis de la coulisse. On regardera si la goupille de renversement n : serait pas trop longue, et qu'elle frotte à la platine ou bien à la goupille du pied de la grande platine, qui, dans quelques calibres, se trouve très près du coq. On regardera en outre si cette goupille de renversement ne monterait pas sur la coulisse, ou bien si elle ne s'engagerait pas un peu dans les entailles qui sont souvent faites au bout de cette pièce, ou bien encore à la denture du râteau. On vérifiera si le pivot de la verge, qui roule dans le coq ou le coqueret, dépasse et appuie bien sur la contre-plaque. On s'assurera si cette plaque ne serait pas piquée ; on examinera aussi si la verge ne serait pas dessoudée.

Après ces observations, si l'on n'est pas encore parvenu à trouver la cause d'arrêt, on visitera la roue de champ de nouveau, on regardera si elle a été ébarbée, s'il n'y aurait pas par hasard une dent de courbée ; quand on soupçonne cette cause, on fait une remarque sur la roue de champ, pour voir si elle s'arrêtera toujours à la même place. Dans les engrenages de pignons de huit, cette cause est encore assez fréquente ; la brosse, en nettoyant, courbe quelquefois un peu les dents de la roue de champ.

On lèvera le cadran, pour examiner comment se fait l'engrenage de petite moyenne avec le pignon de la roue de champ. La grosseur doit être bien exactement donnée à ce pignon, car l'engrenage est très susceptible ; il ne faut pas surtout qu'il tienne du *fort*. Il doit être fait dans les conditions les plus rigoureuses ; au pis-aller, il supporterait plutôt d'être un peu faible, pourvu toutefois qu'il n'y ait pas d'accotement ; lorsque cet engrenage est fort, s'il n'est pas le sujet d'une cause d'arrêt, ce qui est très rare, surtout si les pignons sont de sept ou de huit, il procure un très mauvais réglage et des précipitations à la montre. Avant de démonter entièrement, il faut s'assurer si la denture de la petite moyenne ne serait pas mal divisée ; cette cause est facile à voir, quand la montre est arrêtée. Il m'est souvent arrivé , dans les montres de col , de trouver, à la petite moyenne , des dents plus écartées ou plus rapprochées les unes des autres ; quand ce défaut existe, il est immanquable qu'une cause d'arrêt faible n'en soit le résultat.

Enfin , après toutes ces remarques , si la cause d'arrêt ne s'est pas encore revelée, on démontera la montre entièrement pour chercher plus minutieusement. La première chose que l'on fera, ensuite, ce sera de bien nettoyer les trous des pivots, puis on calibrera tous les pignons , sans excepter le pignon du centre qui est le plus susceptible avec celui de la roue de rencontre Dans le cas où le pignon du centre serait d'une bonne grosseur, il faut s'assurer si l'engrenage ne tient pas du *fort* ; ce défaut est dangereux , surtout si la denture de la roue de fusée est épaisse ; en général , l'engrenage du centre demande à être très régulier, c'est bien souvent sa mauvaise proportion qui est cause de l'insuccès d'une infinité de pièces.

Il faudra mettre tous les mobiles en place , pour voir s'ils sont libres et s'ils ont le jeu suffisant en cage ; on s'assurera si la petite moyenne tourne rond, si ses pivots sont bien cylindriques , bien polis, si leurs trous sont bien ronds , bien droits et pas trop justes.

On mettra la contre-potence en place , on mettra la roue de champ également en cage , pour voir si elle est bien libre sur tous les sens. On vérifiera ses pivots, afin de s'assurer s'ils sont cylindriques et polis ; on regardera si leurs trous ne sont pas trop justes et s'ils sont bien droits , c'est une chose à laquelle une grande quantité d'ouvriers ne portent pas une attention suffisante, et ils ont bien tort. On examinera si les pivots affleurent dans leurs réservoirs, s'il a été fait des gouttes de suif aux ponts ; on remarquera en même temps s'il ne se serait pas fait , par l'effet de la circulation de la roue de champ, un petit enfoncement cônique au pont , et dans lequel s'engagerait par conséquent le biseau d'en bas du pignon de cette roue.

Il y a des ouvriers qui , au lieu de se servir de fraises pour donner du jeu aux roues quand elles en manquent, emploient tout simplement un outil à ébiseler. Cette habitude est on ne peut plus blamable ; on doit remédier à ce défaut toutes les fois qu'il se présente dans une montre.

On visitera les pivots de la roue de rencontre, on examinera attentivement le pivot intérieur , lequel doit être scrupuleusement bien fait. bien poli ; c'est encore là où , en général , pêchent une infinité d'ouvriers qui ont la paresse de ne pas démonter leur roue de rencontre toutes les fois que le pivot intérieur est coupé. C'est faute d'y réfléchir , car on doit savoir que lorsque ce pivot est mauvais, il ôte la liberté de la roue d'échappement , et c'est cependant le mobile qui en exige le plus, comme étant le dernier, la portion de force motrice qui lui est transmise ne pouvant être qu'en très petite quantité. Cette cause d'arrêt est une des plus fréquentes et une des plus faibles , c'est-à-dire qu'une montre qui a ce dé—faut. ne s'arrête que rarement et repart au plus léger mouve—ment qui lui est imprimé.

On s'assurera si les trous de la roue de rencontre sont bien droits, bien ronds. On montera la roue pour voir si elle est bien libre ; on ne peut pas apporter une attention trop scrupuleuse à ce soin. On saura que le pivot intérieur doit dépasser un peu dans le réservoir du nez de lardon. Il faudra regarder si le nez de lardon ne serait pas trop long, de sorte qu'il gênerait dans l'intérieur de la roue de rencontre ; on regardera si la circonférence de cette roue ne frotterait pas au passage qui est fait pour elle à la petite platine ; on s'assurera également si la pointe de sa denture ne toucherait pas un peu au lardon ou bien encore au passage de la petite platine. On examinera si les ailes du pignon ne toucheraient pas à la platine ou bien au bord de la creusure qui est toujours pratiquée pour leur passage dans les montres de col. On s'assurera ensuite si le pivot qui roule dans la contre-potence appuie bien sur la contre-plaque ; on vérifiera si cette plaque ne serait pas piquée par l'effet de la circulation du pivot contre elle ; cette cause est assez fréquente.

Dans ce résumé de causes d'arrêt existent tous les embarras, tous les chagrins, toutes les déceptions dont chaque horloger est condamné à boire la coupe amère, et c'est aussi, je pense, la très grande partie des susceptibilités que peuvent posséder nos montres modernes ; ce sont, du reste, les difficultés inévitables, et que l'on rencontre tous les jours dans la pratique, si l'on n'y prend garde.

Du repassage des montres à cylindre.

Bien que les montres à cylindre commencent à se répandre considérablement sur tous les points de la France, une grande partie des ouvriers qui travaillent dans les provinces éprouvent encore de la crainte et un certain doute de leur propre talent, lorsqu'il s'agit, soit de repasser ou de faire des réparations à ces montres. Il est incontestable qu'il y ait des soins à y apporter, et ce qu'un ouvrier doit avoir avant tout, c'est de la délicatesse dans le toucher des pièces. Quand on est parvenu à bien comprendre les principes du repassage des montres à cylindre, on n'est plus embarrassé pour les réparations.

Il serait à désirer que ce genre de montres fût tout-à-fait adopté, à cause des résultats satisfaisants qu'elles donnent généralement, tant dans la parfaite réussite de la marche, que dans l'exactitude du réglage. En outre les empiriques des villages qui se croient inspirés, et s'éveillent un jour avec la ferme résolution d'assassiner toutes les montres infortunées que leurs amis ont l'imprudence de leur confier, se trouveraient dans l'impossibilité complète de s'abandonner à leur fureur meurtrière, à cause des difficultés insurmontables qu'ils rencontreraient dans ces montres.

J'engage Messieurs les horlogers qui voudront bien me faire l'honneur d'étudier dans mon traité, à prendre à la lettre toutes les observations que je vais faire à l'égard du repassage des montres à cylindre ; mon intention est de ne rien exagérer et de ne transcrire absolument rien autre chose que ce que m'ont appris la pratique et l'expérience.

C'est une bonne précaution, avant de retirer le mouvement de la boîte, de regarder s'il n'y aurait pas quelque mobile qui y touche, telle que la denture du barillet, quelquefois le balancier ou la goupille de renversement ; il faudrait faire le passage à la boîte dans le cas où il y aurait une de ces pièces qui y toucherait. Il faut regarder si les carrés de remontoir et de rapport ne dépassent pas la cuvette, afin de les raccourcir quand la montre sera démontée entièrement. A l'égard de ces carrés on doit toujours tenir celui de rapport un peu plus petit que le carré de remontoir.

Examinez l'ajustement des aiguilles, celle des minutes ne doit pas appuyer sur le canon de la roue d'heures. Quand la portée du pignon de chaussée ne depasse pas, il faut ajuster un petit canon à l'aiguille des minutes, afin de l'élever un peu pour qu'elle n'appuie pas sur celle des heures qui doit être libre dans tous les sens. Voyez si le trou du cadran est assez grand pour ne pas gêner le canon de l'aiguille des heures, regardez si la roue d'heures a de l'ébat suffisamment sous le cadran, si elle est libre sur la chaussée.

Ces observations faites, retirez le mouvement de la boîte, et levez le cadran pour examiner la cadrature. Calibrez les pignons, souvenez-vous que ces deux pignons doivent être un peu plus forts, parce qu'ils mènent. Vérifiez les engrenages ; dans le cas où ils seraient trop faibles, il faudrait agrandir le trou du tenon, puis le reboucher plein, et repercer le trou un peu plus près, afin de rendre les engrenages plus forts. Si, au contraire, les engrenages sont trop forts, il faut, ou reculer le tenon, ou donner un coup d'arrondir aux roues. S'il n'y a qu'un engrenage de faible, par exemple, celui de la roue do renvoi avec le pignon de chaussée, il faut rapprocher le tenon comme il a déjà été dit ci-dessus , et puis donner un coup d'arrondir à la roue d'heures et réciproquement. Regardez si cette roue d'heure n'appuie pas sur celle de renvoi ou bien sur le barillet ; s'il en était ainsi , il faudrait la tourner par dessous, afin de la diminuer d'épaisseur , en laissant, bien entendu , une petite portée au centre , qui n'appuierait que sur le pignon de chaussée.

Il faut apporter une très grande attention à ce que la roue d'heures soit bien libre sur la chaussée , mais il ne faut pas que le trou du canon soit trop grand , car les aiguilles seraient susceptibles de se crocher. Quand le trou du canon est trop grand, on y remédie en l'équarrissant, afin de le rendre encore plus vaste, puis on tourne un petit canon très mince sur un arbre lisse bien rond , et on soude à l'étain ce petit canon dans celui de la roue , puis on passe un équarrissoir le plus cylindrique possible dedans, pour agrandir le trou de manière à ce que la roue d'heures soit libre , mais sans aucun balottement sur la chaussée. Ce moyen réussit toujours très bien, et évite de refaire le canon de la roue en entier.

Assurez-vous si la roue de renvoi est libre sous le cadran , regardez si le pignon de chaussée appuie bien sur le pivot de la roue du centre et non sur la platine ; dans le cas où il appuierait sur la platine, il faudrait faire une petite fraisure ou bien tourner la face de la denture du pignon de chaussée en plan incliné, de telle manière que cette denture ne touche pas du tout à la platine ; ce point est extrêmement essentiel. C'est aussi une très bonne précaution de faire une goutte de suif au trou du centre , afin que l'huile ne puisse pas entrer dans les ailes de la chaussée.

Regardez également si l'écuelle du carré de rapport appuie bien sur l'autre pivot de la roue du centre ; si elle appuyait sur le pont, il faudrait faire une petite fraisure, lorsque la montre sera démontée. On pourrait aussi tourner l'écuelle par-dessous de manière à la diminuer du bord.

Assurez-vous si le frottement de la tige de chaussée dans la roue du centre est bon ; s'il était trop doux , il faudrait faire un petit pas de vis à cette tige ; ce moyen réussit toujours assez bien.

Toutes ces choses vérifiées , démontez la montre entièrement.

Du barillet et de la roue du centre.

Démontez le barillet ; cette pièce , dans les montres Lépine , demande beaucoup de soins et de temps. Voyez si l'arbre est poli ; retirez le ressort et remontez le barillet vide , regardez s'il tourne librement sur son arbre, si ses trous ne sont pas trop grands ; dans le cas où ils auraient ce défaut , il faudrait les reboucher avec de petits bouchons tournés sur un arbre lisse bien rond , puis les river en frappant à petits coups.

Examinez si le barillet tourne droit ; s'il faisait le contraire, il faudrait le dresser par le couvercle, en frappant dessous à petits coups du côté le plus haut , comme il a déjà été expliqué à l'égard du barillet dans le repassage des montres ordinaires.

Mettez le doigt d'arrêtage en place, faites tourner le barillet pour voir s'il est libre avec cette pièce ; c'est une bonne précaution de limer les extrémités du doigt en plan incliné pour l'empêcher de frotter dans sa creusure, car habituellement la portée de l'arbre de barillet dépasse fort peu.

Quand la portée de l'arbre ne dépasse pas du tout dans la creusure qui est faite pour le doigt, il faut rendre cette dernière plus profonde, si l'épaisseur du barillet le permet ; dans le cas contraire, on serait obligé de refaire l'arbre, car il faut, de toute nécessité, que ce défaut soit corrigé.

Mettez la croix de Malte en place, voyez si elle est libre, après avoir serré sa vis, si l'arrêtage se fait bien et est sûr. Si le petit canon sur lequel est fixée la croix de Malte était mauvais, il faudrait en ajuster un auquel on ferait une portée et que l'on riverait bien proprement. Quand le doigt est trop petit (ce qui se voit par la mauvaise harmonie de l'arrêtage qui se mêle), il faut absolument en faire un autre.

Assurez-vous si le barillet est libre, l'arrêtage étant monté ; faites attention à ce que la tête de la vis qui retient la croix de Malte ne dépasse pas la noyure qui est faite pour elle, parce qu'elle pourrait toucher au cadran et gêner la marche de la montre.

Vérifiez la grosseur de la bonde, rappelez-vous qu'elle doit être le tiers du diamètre vide du barillet ; si elle est plus grosse, il faut la diminuer ; si elle est plus petite, il faut en faire une autre. Cette pièce, toute simple qu'elle est, offre plus de difficultés à exécuter que l'on ne s'y attend généralement, à cause du trou pour la cheville qui la traverse de part en part. Le meilleur procédé pour réussir immanquablement à lui donner toute la perfection qu'elle doit posséder, est celui-ci : Prenez un morceau d'acier détrempé, moitié plus épais que la bonde ne devra être ; limez ce morceau d'acier en carré, commencez par percer le petit trou dans lequel passe la cheville qui retient la bonde à l'arbre ; quand le trou sera percé de part en part, diminuez la pièce d'acier d'épaisseur, en maintenant le trou de la cheville bien au milieu. Tirez ensuite un trait léger sur le morceau d'acier et précisément sur le trou déjà percé. Sur le trait et au milieu de la pièce d'acier, pratiquez le trou du centre de la bonde ; par ce moyen, vous serez sûr que le trou de la cheville passera bien au milieu de celui de l'arbre. Abattez les carres à la lime et tournez la bonde jusqu'à ce qu'elle ait la dimension voulue.

Toutes ces formalités prises et le trou du centre étant agrandi de manière à ce que ladite bonde s'ajuste à frottement léger sur l'arbre de barillet, elle ne pourra pas manquer de se placer très droite et très fixe, ce qui est indispensable pour la liberté du barillet et du ressort.

Percez le trou pour le crochet, ou bien faites une cheville qui remplisse tout à la fois la fonction de goupille et de crochet. Examinez si l'encliquetage se fait bien, si le cliquet est bien fixé, s'il n'est pas trop large et qu'il touche au couvercle du barillet.

Regardez si le rochet n'est pas trop libre sous la petite pièce de cuivre qui le recouvre ; s'il avait du balottement, il faudrait y remédier : il est nécessaire d'apporter à cette chose une attention très scrupuleuse, afin que le barillet soit bien solidement fixé ; il ne faut pas non plus négliger de s'assurer si toutes les petites vis de la pièce qui recouvre tiennent bien et ne dépassent pas sous le pont.

Regardez s'il existe du jour entre le barillet et son pont ; s'il n'en existait pas assez, il faudrait diminuer un peu du dessous de ce pont, ou bien amboutir légèrement le barillet. Si la portée de l'arbre ne dépassait pas du tout et que le pont fût mince, on serait obligé de refaire l'arbre en entier.

Mettez en place le barillet tout monté à son pont, faites-le tourner pour voir s'il ne frotte pas dans le passage qui est fait pour lui à la platine, et si le dessous de sa denture ne touche pas dans la petite creusure. Dans le cas où cet inconvénient existerait, il faudrait mettre le barillet sur un arbre à rebours, puis diminuer du dessous de sa denture, et ne pas oublier de l'ébarber ensuite ; ou bien si l'on a un tour universel, rendre la petite creusure un peu plus profonde.

Vérifiez scrupuleusement la grosseur du pignon du centre, rappelez-vous les observations qui ont été faites à l'égard des proportions de ce pignon dans le repassage des montres ordinaires ; ces observations sont également applicables aux montres Lépine.

Faites une petite ouverture à la platine, près le trou du centre, afin de pouvoir apprécier l'engrenage.

Voyez si les pivots de la roue du centre sont polis et cylindriques ; s'ils ne possèdent pas cette perfection, il faut la leur donner.

Mettez la roue du centre en place, voyez si ses trous ne sont pas trop grands ; s'ils l'étaient, il faudrait les reboucher avec de petits bouchons tournés sur un arbre lisse bien rond, en agissant comme pour les trous du barillet. Avant de boucher les trous, c'est une très bonne précaution de s'assurer si la roue du centre est plantée droite, parce qu'on boucherait un trou plein et on le planterait.

Il importe beaucoup que la roue du centre soit bien droite en cage, car s'il en était autrement, les aiguilles toucheraient tantôt au cadran, tantôt au verre, ce que l'on ne doit pas tolérer. Le meilleur moyen pour arriver à planter ce trou droit avec un outil ordinaire, c'est de le percer avec un très petit foret, puis de l'équarrir en place.

Mettez la roue du centre libre, donnez-lui le jeu nécessaire en cage, elle n'en doit pas avoir beaucoup ; si elle frottait à son pont, il faudrait la baisser un peu, dans le cas où le barillet le permettrait, ou bien diminuer un peu du dessous du pont.

Quoique la roue du centre fût bien plantée, s'il existait un frottement entre elle et le barillet, il faudrait corriger ce défaut en limant un peu sous les bouts du pont de barillet, afin de baisser ce dernier ; si, après cette opération, il arrivait que le fond dudit barillet ou la croix de Malte touchent au cadran, on remédierait à cet inconvénient en ôtant un peu de matière sous le cadran. Pour faire cette opération , on prend une balle en plomb (à fusil), on l'aplatit en forme de petite meule , on perce un trou au centre, on chasse dans ce trou un arbre carré et centré par les deux bouts, on met un cuivrot dessus , puis on tourne la balle ; quand elle est tournée , on la laisse sur le tour. On prend de l'émeri avec lequel on repasse les brunissoirs , on le délaye dans de l'eau , puis on en met tout autour de la petite meule en plomb, on tient le cadran dessus à l'endroit où il doit être diminué avec le secours de l'archet, on fait circuler la petite meule avec rapidité. Ce moyen est le plus expéditif et celui qui réussit le mieux ; on diminue de la sorte sous le cadran de la quantité qu'on le désire.

Assurez-vous si l'engrenage du centre est bon , en regardant par la petite ouverture que vous devez avoir faite; si l'engrenage est trop fort, tournez la denture du barillet et donnez-lui un coup d'arrondir; si au contraire il est trop faible, rapprochez le barillet du côté du centre ; pour cet effet, agrandissez un trou de vis à la platine , rebouchez-le avec du cuivre plein , déviez le trou du pied du pont du côté de l'engrenage ; lorsque vous jugerez que le barillet est assez rapproché , resserrez le trou du pied du côté opposé, afin de rendre le pont fixe ; repercez ensuite le trou de la vis dans le bouchon qui a été rivé à la platine. Il est bien entendu que, pour percer le trou de la vis, le pont doit être en place, afin que les deux trous se rapportent parfaitement.

Toutes ces opérations faites, vérifiez le ressort, assurez-vous s'il n'est pas trop mou, s'il se déploie bien, s'il emplira toute la hauteur du vide du barillet; on doit toujours donner une bonne quantité de force motrice.

Mettez le ressort dans le barillet, faites-lui faire ses tours, vous devez en obtenir cinq; s'il en donne moins, il faut en ôter un peu; si, au contraire, il en donne plus, il ne peut pas convenir, il faut en mettre un autre ; vous lui donnerez un demi-tour de bande, de manière que, lorsque la montre sera remontée entièrement, il restera un demi-tour de libre.

Les montres Lépine ne possédant pas de fusée pour régulariser la force motrice, leurs ressorts doivent être faits dans des proportions convenables pour obvier à l'absence de cette pièce. Ces ressorts doivent être plus forts par le centre, et de telle manière qu'ils soient égaux de bas en haut ; malheureusement, on rencontre bien rarement cette perfection chez eux ; mais l'échappement à cylindre étant à repos, l'égalité de force motrice n'est pas absolument exigible, par la raison que cet échappement corrige beaucoup les inégalités du ressort.

Les horlogers célèbres du siècle dernier, F. Berthoud en particulier, pensaient, dans cette circonstance, que le peu de variation qui se manifeste dans une montre à cylindre est dans un sens opposé de celle qui se produisait par la même raison dans une montre à roue de rencontre, c'est-à-dire que, lorsque le ressort tire plus fort, la pièce retarde par la raison que l'échappement est à repos, que les frottements produits par les marteaux de la roue d'échappement sur le cylindre sont plus considérables et que le balancier décrit de plus grands arcs de vibration , toutes choses indépendamment l'une de l'autre qui tendent à faire retarder la montre.

J'ai moi-même partagé pendant longtemps la même opinion; car, dans la théorie, ce raisonnement est parfaitement juste; mais l'expérience m'a convaincu qu'il n'est pas exact dans la pratique. J'ai toujours remarqué que lorsque dans une montre Lépine je remplaçais un ressort trop faible par un plus fort, cette montre avançait un peu , et que la variation en avance était encore plus marquée lorsque le cylindre était en pierre. C'est donc absolument le contraire de ce que pen—saient les horlogers anciens ; il est vrai que nos roues de cy—lindre sont en acier, tandis qu'autrefois elles étaient en cuivre, ee qui devait occasionner des frottements plus considérables à l'échappement, et peut-être être la cause du retard qui se manifestait quand la montre possédait une plus grande quan—tité de force motrice. Dans tous les cas, les variations qui se révèlent lorsqu'on emploie un ressort plus fort sont minimes.

Le ressort choisi et mis dans le barillet, on est débarrassé de cette partie du repassage qui emploie bien la moitié du temps ; on met de l'huile après que le barillet est nettoyé , on nettoye le couvercle et le pont, on remonte ces pièces, on place l'arrêtage, on donne la bande au ressort , puis on met le barillet de côté , pour ne plus s'en occuper que lorsque la montre sera entièrement repassée.

La petite moyenne, la roue de champ et la roue de cylindre.

Commencez d'abord par calibrer les pignons de ces trois roues ; s'ils sont trop gros, diminuez-les ; vérifiez les pivots de la petite moyenne et de la roue de champ ; s'ils ne sont ni cylindriques, ni polis, il faut les rouler, lever des biseaux et reboucher les trous. Mettez la petite moyenne seule en place, voyez si elle est bien plantée, si elle est libre en cage, si elle tourne rond ; mettez également la roue du centre en place, examinez si sa denture ne touche pas au bout du pont de la petite moyenne, si elle engrène en plein dans le pignon ; dans le cas où elle n'engrènerait pas entièrement dans le pignon, il faudrait élever un peu la petite moyenne en bouchant le trou d'en bas, et donner du jeu par en haut. Il ne faut pas oublier, comme il se trouve un pivot ras les ailes du pignon, de faire une goutte de suif au pont, pour empêcher l'huile d'entrer dans l'engrenage ; cette opération se fait avec une fraise triangulaire ; (on se procure ce genre de fraise chez les marchands de fournitures). Il y a des ouvriers qui font une creusure dans les ailes du pignon de petite moyenne ; cette précaution est très recommandable, on ferait bien de ne jamais y manquer.

Examinez l'engrenage de la roue du centre avec le pignon de petite moyenne ; s'il n'était pas bon, il faudrait reboucher les trous de la petite moyenne avec des bouchons pleins, et procéder avec le compas d'engrenage de la même manière qu'il a été démontré relativement à la même roue, dans le repassage des montres ordinaires, c'est-à-dire que les deux engrenages de roue du centre avec le pignon de petite moyenne et celui de petite moyenne avec le pignon de roue de champ doivent être faits en même temps. Quand l'engrenage est reposé, s'il arrive que la petite moyenne ne puisse plus dans sa creusure, il faut agrandir cette dernière sur le tour universel ou bien avec une échoppe, en mettant la platine en cire sur un tour à lunette.

Mettez la roue de champ en place, voyez si elle est bien plantée, si elle est libre en cage, si elle ne frotte nulle part, si elle tourne rond, si elle a le jeu nécessaire, si ses trous ne sont pas trop grands. Dans les montres de basse qualité, il est indispensable de reboucher au cuivre dur les quatre trous de la petite moyenne et de la roue de champ, parce que les cuivres des montres inférieures sont toujours trop mous. Ne négligez jamais de mettre la roue de champ d'équilibre, et de faire des gouttes de suif aux trous de ses pivots.

Si le renversement se fait à la tige du pignon de la roue de champ, et que le cercle du balancier y touche, il faut diminuer, sur le tour, ladite tige, pour obtenir le passage du régulateur, de même que l'ont serait obligé ou d'élever le balancier, ou de raccourcir le pignon s'il existait un frottement sur la face de ce dernier.

Mettez la roue de cylindre en place, voyez s'il y a du jour entre elle et la roue de champ; s'il n'en existe pas et qu'il

ne soit pas possible de baisser la roue de champ, il faut dit
minuer d'épaisseur cette dernière, et l'adoucir ensuite à la
pierre à eau.

Examinez soigneusement l'engrenage de la roue de champ
avec le pignon de la roue d'échappement ; s'il n'est pas possible
de le voir distinctement à travers le rubis, il faut l'essayer
au compas ; s'il est trop fort, donnez un coup d'arrondir à la
roue de champ ; si au contraire il est trop faible, reposez-
le au compas, en déplaçant la roue de champ et en faisant l'engrenage de petite de la petite moyenne en même
temps.

Dans les montres qui possèdent huit trous en pierres, s'il
se trouvait que l'engrenage de champ fût trop faible, on serait
obligé de faire remplacer la roue de champ. Cependant, il
m'est quelquefois arrivé, dans des instants où j'étais pressé,
de remédier à ce défaut en frappant la roue de champ tout
autour, de manière à en agrandir le diamètre assez pour rendre
l'engrenage trop fort, puis de tourner la denture de cette roue,
d'y donner un coup d'arrondir et ensuite de l'adoucir à la
pierre à eau ; bien que je ne recommande pas ce moyen, il
m'a réussi toutes les fois que je m'en suis servi.

Laissez la roue de cylindre seule en place, faites-la tourner
pour voir si elle est parfaitement libre, si le bout de son pont
ne lui touche pas, si sa denture passe sans frottement dans le
passage qui est fait pour elle ; dans le cas où elle serait gênée
en cet endroit, il faudrait agrandir le passage. Comme le pivot
d'en bas de la roue d'échappement se trouve presque ras de

la face du pignon, il faut faire attention à ce qu'il n'y ait aucune rebarbe à la certissure de la pierre, qui puisse gêner la liberté de la roue en touchant aux ailes du pignon ; ce défaut se présente encore assez souvent, quand la pierre de ce trou est petite. Lorsqu'il arrive que les pierres jouent dans leurs certissures, on doit y remédier en se servant d'un petit outil à pomme et en pressant tout autour de la certissure avec ce petit outil.

Quand les trous des pierres sont trop grands, il faut faire remettre d'autres rubis ou bien changer le pignon ; quand, au contraire, les trous sont justes, il faut démonter le pignon et rouler les pivots. Il m'arrive bien souvent, quand les trous sont un peu trop justes, de remédier à cet inconvénient par un procédé bien simple et très expéditif : c'est d'abord de mettre tous les mobiles en cage, excepté le barillet, de donner ensuite plus de jeu à la roue de cylindre qu'il ne lui en faut, puis de mettre du rouge broyé en guise d'huile à ses pivots, et avec des brucelles, de faire courir le rouage avec rapidité d'un sens et de l'autre.

Il arrive nécessairement que le rouge use un peu les pivots, en même temps qu'il les polit dans les trous des pierres. Comme il y a toujours très peu à faire, ce moyen réussit assez bien et épargne beaucoup de mal ; car, lorsqu'on est obligé de démonter le pignon et de le river de nouveau, cette opération est une des plus ennuyeuses et des plus fatigantes.

De l'Echappement.

Mettez le balancier en place, voyez s'il n'a pas trop de jeu, s'il ne frotte ni à la roue du centre, ni aux goupilles, ni au piton du spiral, ni au pont de la roue de cylindre. Regardez si les pivots dépassent et appuient bien sur leurs contre-plaques, chose très essentielle. Dans le cas où les pivots ne dépasseraient pas, on serait obligé de faire remettre d'autres pierres ou bien de retamponner le cylindre et de faire les pivots plus longs. Voyez si le renversement est sûr ; il faut faire bien attention à cela, car si la goupille de renversement passait sous celle qui est ordinairement au coq, les marteaux de la roue d'échappement seraient exposés à être cassés. Regardez si le fond de la roue de cylindre passe bien au milieu de la petite coche du cylindre ; si le fond de cette roue frottait au petit tampon, il faudrait baisser le cylindre, en faisant des points sous le charriot, et ne pas oublier de corriger le jeu du balancier en cage ; si au contraire le fond de la roue d'échappement touchait à la petite lèvre, on serait obligé d'en ôter un peu à cette lèvre avec une lime de fer et de la pierre à l'huile ; on se servirait de ce moyen dans le cas où la petite coche serait étroite, autrement on élèverait le cylindre en limant d'abord bien plat ras le rubis sous la contre-plaque, si cela ne suffisait pas, on limerait aussi un peu sous le charriot.

Vérifiez si l'échappement tire ses degrés bien correctement ; rappelez-vous que tous les échappements doivent avoir 40 degrés de levée. Dans les montres Lépine, ces degrés sont toujours marqués par trois petits points sur le bord de la platine à côté du balancier. Si l'échappement tirait bien moins de 40 degrés, on serait obligé de rapprocher le cylindre par le charriot. Si au contraire il tirait plus, il ne faudrait pas négliger de l'éloigner, car il serait vicieux et arrêterait au doigt, ce que l'on ne doit pas souffrir ; il vaudrait beaucoup mieux tolérer un échappement qui ne donnerait pas la quantité de levée requise qu'un autre qui en donnerait plus.

Il s'opère quelquefois une sorte d'accrochement dans l'échappement ; ce défaut se présente principalement quand on place une roue de cylindre ; c'est qu'alors cette roue n'est pas juste et que la petite lèvre du cylindre accroche le talon de la dent sortante. On corrige cet inconvénient en remarquant d'abord les marteaux qui produisent cet effet, puis, avec une petite lime en rubis, ou simplement avec une lime de fer et de la pierre à l'huile, on en ôte un peu au talon de ces marteaux, et jamais à la pointe de la dent entrante. On régularise également de cette manière les chutes de la roue d'échappement quand elles sont inégales.

Centrez le spiral en le mettant seul sur le coq ; apportez une grande attention à ce que la lame réglementaire fasse bien le cercle et qu'elle soit bien libre dans les goupilles de la raquette, dans tout le cours de cette pièce. Ayez soin que le spiral soit bien droit, qu'il ne fasse pas l'entonnoir, et que la seconde lame ne touche ni aux goupilles, ni au piton. Il arrive quelquefois que la première lame du spiral, en vibrant, touche à la roue du centre ; quand on s'aperçoit de cela , il ne faut pas négliger d'y remédier , car c'est principalement des soins que l'on apporte au spiral que dépend le parfait réglage.

Lorsque les montres n'ont pas été réglées en fabrique, et que, par conséquent , l'on est obligé de changer le spiral , il arrive très souvent que le balancier est trop lourd ; on doit donc le diminuer d'épaisseur et lui donner une inertie telle que la montre étant réglée et ayant un bon ressort, le balancier décrive des arcs de vibration de 240 degrés.

Quand la montre a été réglée en fabrique et que le balancier n'est pas en parfait équilibre , on doit, pour l'y mettre, faire des points ébiselés dessous, du côté le plus lourd.

Serrez les vis du coqueret ; voyez ensuite si la raquette a un frottement convenable ; si ce frottement est trop dur, mettez le coqueret en cire au bout d'une branche de cuivre, laquelle portera un cuivrot ; mettez de la pierre à l'huile , puis avec un archet adoucissez, au bout du doigt , la raquette et le coqueret, l'un sur l'autre. Si au contraire les vis étant serrées, la raquette était trop libre , il faudrait adoucir le coqueret par dessous ras le rubis ; si cela ne suffisait pas, on serait obligé de refaire la raquette.

Vérifiez si les goupilles de la raquette se trouvent bien dans la même ligne de circonférence que le trou du piton du spiral ; si elles n'y étaient pas , il faudrait les y mettre et ne pas oublier d'en faire une à crochet , afin d'empêcher le spiral de sauter à la suite d'une secousse.

Lorsque la montre possède une cuvette d'or , il est indispensable de mettre une vis de support , le plus près possible du cercle du balancier , et assez longue pour porter contre la cuvette. Il y a des ouvriers qui en mettent deux, une d'abord près le bout du pont de la roue du centre, et l'autre à la place de celle qui tient le pont de la roue de cylindre. Toutes ces opérations terminées , la montre est prête à nettoyer.

La roue de cylindre étant en acier , c'est un très bon usage de la savonner. Comme l'échappement demande de l'huile , il faut en mettre un peu à tous les marteaux de la roue de cylindre, et régler la montre de manière à ce que la raquette soit au milieu du coq, par la raison qu'à mesure que l'huile s'épaissira à l'échappement, la montre ira un peu en retardant.

Principes pour faire un cylindre.

Il est indispensable à tous les ouvriers qui travaillent aux montres Lépine de savoir faire le cylindre. Bien que l'on ne soit pas toujours obligé d'exécuter cette pièce entièrement , puisqu'on la trouve maintenant toute faite , il est cependant nécessaire d'en connaître les principes, afin de savoir la choisir, de savoir la placer, et de pouvoir faire le tamponnage, opération qui se présente très fréquemment dans la pratique.

Commencez d'abord par prendre avec un calibre la longueur exacte d'un des marteaux de la roue de cylindre; faites un forret qui entre librement dans les pointes du calibre. Prenez ensuite un morceau d'acier, tiré moitié plus gros qu'il ne faut et de la meilleure qualité possible ; faites-le rougir au rouge cérise ; cette précaution est bonne pour empêcher le cylindre de se fendre au tamponnage. Coupez le bout d'acier à 4 centimètres de longueur, centrez-le par les deux bouts ; mettez un cuivrot dessus, et percez avec le forret que vous avez fait. Tournez le bout qui est percé, coupez-le eusuite un peu plus long que le cylindre ne devra être ; passez un équarrissoir le plus cylindrique possible dans le trou du centre, agrandissez ce trou de manière à ce que tous les marteaux de la roue d'échappement passent dedans sans ébat ; adoucissez-le afin qu'il ne reste plus de trace d'équarrissoir. Pour adoucir, on met un petit cuivrot sur l'écorce du cylindre, on prend un petit bout d'acier que l'on diminue assez pour entrer dans le trou (on a soin de tirer les traits sur le long au petit bout d'acier) on met un peu de pierre à l'huile broyée, on passe l'écorce, laquelle porte le cuivrot, sur la petite branche d'acier que l'on tient, par l'autre bout, de la main droite ; puis ensuite on fait rouler le cuivrot vivement sur un doigt de la main gauche. Il y a d'autres moyens, mais celui-ci est très simple, très prompt et réussit très bien. L'adoucissage fini, tous les marteaux de la roue d'échappement doivent entrer très librement dans le trou ; lorsque le polissage sera fait, ils auront assez d'ébat.

Prenez un petit arbre lisse cylindrique et tournant parfaitement rond ; mettez l'écorce dessus, tournez-la extérieurement de manière à ce qu'elle passe sans ébat entre toutes

les dents de la roue d'échappement ; adoucissez-la ensuite
extérieurement avec une lime de fer et de la pierre à l'huile,
puis mettez-la de longueur convenable. Ces formalités rem-
plies, l'écorce est prête à encocher ; pour cet effet, on la
passe à frottement dûr sur une petite tige de cuivre que l'on
tient par l'autre bout dans une pince à goupille. On se sert
d'une lime à encocher, ou à défaut on emploie une lime
carrée ordinaire. Le cylindre doit être entaillé par la moitié,
moins 20 degrés ; c'est-à-dire que l'on doit enlever 160 degrés de l'écorce et en laisser exister une valeur de 200. Pour
la longueur de la coche, on met la roue d'échappement en
place, on pose verticalement l'écorce du cylindre à la place
que celui-ci devra occuper, et on regarde jusqu'où les marteaux de la roue vont ; c'est la hauteur que doit avoir la
coche.

Pour arriver à la juste profondeur de la coche, on se guide
sur la filière aux cylindres ; cette espèce de filière est double,
d'un côté le vide est beaucoup plus grand que de l'autre.
Avant d'encocher le cylindre, on le passe tout entier du côté
le plus large de la filière, on remarque bien le degré jusqu'où il descend quand on l'encoche ; on en ôte assez pour
que l'écorce toute entaillée descende au même degré du côté
du vide, le plus étroit de la filière. Il est prudent de ne pas
faire descendre tout-à-fait l'encoche aussi bas que le cylindre
descend du côté le plus large de la filière, par la raison que
lorsque les lèvres seront formées et polies, cette opération
approfondira encore un peu la coche, et il faut précisément

qu'après son entière exécution, le cylindre descende également des deux côtés de la filière.

Dans le cas où l'on n'aurait pas de filière, on se servirait de l'ancien moyen, c'est-à-dire qu'avant de retirer l'écorce de sur l'arbre lisse sur lequel elle a été tournée, on la déviserait sur le tour en se servant du même procédé que pour la division des pignons.

On emploirait pour cette opération un diviseur séparé en soixante-douze parties, chaque division représenterait 5 degrés du cercle ; on marquerait le point de départ sur l'écorce ; on passerait trente-deux·espaces sur le diviseur, et on marquerait un autre petit point. Cette opération faite, le cylindre serait divisé par la moitié, moins 20 degrés ; il faudrait l'entailler jusqu'aux petits points. L'écorce entaillée, il faut faire la petite coche pour le passage du fond de la roue d'échappement ; on peut la faire de trois fois l'épaisseur du fond de la roue et l'approfondir de manière à ce qu'il ne reste plus guère que le quart de l'écorce. Cette opération terminée, retirez la dite écorce de sur le bout de cuivre, et formez les lèvres en vous servant d'une petite lime très fine.

Sachez que la grande lèvre, ou lèvre d'entrée, doit être arrondie extérieurement, et que la petite lèvre, ou lèvre de sortie, doit être arrondie intérieurement. Les lèvres formées, adoucissez·les en vous servant d'une petite lime de fer, taillée en biseau, et de la pierre à huile. Trempez le cylindre ; pour cette opération, passez-le de nouveau à frottement sur une petite tige de cuivre ; présentez-le à la flamme d'une chandelle ; faites-le rougir avec sa tige au rouge cerise, et plongez-le tout vivement dans l'huile.

La trempe opérée, blanchissez le cylindre et faites revenir les deux bouts. Pour cette opération , passez un petit bout de cuivre dans le trou du petit tampon, jusqu'au fond de la petite coche ; prenez le cylindre par les lèvres avec des brucelles ; mettez l'autre bout de la tige de cuivre dans la flamme d'une chandelle ; la chaleur parcourra le bout de cuivre de telle manière que le bout du cylindre reviendra au bleu blanc , sans que les lèvres qui sont tenues par les brucelles changent de couleur ; faites la même opération à l'autre bout du cylindre en ayant soin de le faire revenir au bleu blanc , sans que les lèvres changent de couleur. car elles ne peuvent jamais être trempées trop dûres. Le cylindre revenu , polissez-le d'abord intérieurement en remettant un cuivrot dessus et agissant sur le doigt comme pour l'adoucissage , avec cette différence , qu'après la pierre à huile , vous emploirez du rouge fin. Lorsqu'il sera bien poli intérieurement , remettez-le sur l'arbre lisse sur lequel il a été tourné , et polissez-le extérieurement ; apportez un grand soin au polissage pour la parfaite harmonie de l'échappement. Avant de le retirer de sur l'arbre lisse , donnez un coup de burin au bout qui portera la siète afin de rendre cette partie un peu en cheville pour que la dite siète s'ajuste mieux et plus solidement.

Adoucissez l'intérieur de la petite coche et polissez les lèvres en leur conservant scrupuleusement leurs formes. Le cylindre à ce point est prêt à tamponner.

Commencez toujours par le petit tampon. Prenez un bout d'acier tiré un peu plus gros qu'il ne faut, de 4 à 5 centimètres de long ; trempez-en un bout, faites-le revenir au bleu blanc, centrez-le par les deux bouts, tournez-le par le bout qui a été trempé ; diminuez-le assez pour qu'il entre un peu dans le trou du petit tampon ; faites en sorte qu'il soit très légèrement en cheville ; adoucissez-le pour qu'il s'introduise plus avant ; faites le tampon de manière à ce qu'il entre aux trois quarts ; diminuez ensuite le plus que vous pourrez la tige au bout de laquelle sera le pivot.

Le tampon et sa tige détachés du bout d'acier, polissez au lapidaire ou autrement le bout de ce tampon qui se trouvera dans l'intérieur du cylindre.

Faites un petit outil à tamponner dont le bout soit fait de manière à ce qu'il entre dans la petite coche, et chassez le petit tampon. Si, à cette opération, il ne se déclare pas quelque événement malheureux, le cylindre peut être regardé comme sauvé.

Tamponnez ensuite le long tampon, en employant les mêmes moyens et observant les mêmes précautions.

Le cylindre tamponné, emplissez l'intérieur avec de la gomme laque, prenez-le avec des brucelles par le long tampon ; mettez les brucelles dans la flamme d'une lampe, afin de faire fondre la gomme. Mettez ensuite un cuivrot qui sera soudé sur le cylindre par la gomme. Centrez les bouts des tiges des tampons sur une petite broche à lunettes ordinaire. Ajustez de petites broches très fines aux autres broches de votre tour, et tournez les tiges des tampons les plus fines que vous pourrez. Faites les creusures aux deux bouts du cylindre, servez-vous d'un très petit burin et bien repassé. Les creusures terminées, polissez les bouts du cylindre comme on polit une portée, en vous servant d'une lime de fer.

Retirez le cuivrot et une partie de la gomme qui est dans le cylindre. Faites la siète qui devra porter le balancier, ébauchez-la avant de la chasser, agrandissez son trou de manière à ce qu'elle entre aux trois quarts sur le long tampon, puis chassez le cylindre dedans en vous mettant sur l'outil à trou.

La siète chassée, remettez de la gomme et un cuivrot sur le cylindre, raccourcissez la tige du petit tampon convenablement, pour que la petite coche soit de hauteur, c'est-à-dire que le fond de la roue d'échappement passe bien par le milieu.

J'ai imaginé une sorte de petit calibre à charnière qui est très commode pour cette opération.

La petite coche étant de hauteur, mettez le coq en place, pour prendre la hauteur totale du cylindre avec ses pivots.

Ajustez le balancier, ayez soin de faire la rivure bien juste.

J'ai imaginé un autre genre de calibre très avantageux pour mettre le balancier de hauteur, il n'est même pas possible de prendre une fausse mesure avec ce petit instrument. Mon intention est de donner le modèle de ce calibre et de celui dont il a été parlé précédemment, aux marchands de fournitures, afin qu'ils les fassent établir et puissent les procurer aux amateurs qui désireraient s'en servir.

Faites l'ajustement de la virole du spiral , ~~rivez le balancier bien droit et bien rond~~ , puis enfin pivotez le cylindre.

Retirez le plus de gomme que vous pourrez avec une petite tige que vous faites chauffer, puis mettez le cylindre tremper pendant quelque temps dans l'esprit de vin , afin de retirer le reste de la gomme et de la bien nettoyer.

Toutes les fois qu'on remplace un cylindre cassé , on n'est pas toujours obligé de faire une siète ; on peut chasser le cylindre que l'on vient d'exécuter dans l'ancienne siète , et on est certain que le balancier est bien de hauteur en cage , ce qui procure une grande économie de temps.

J'avais oublié de donner une description du petit outil dont on se sert pour chasser les cylindres dans leurs siètes. Voici comment on doit le faire : on prend un bout d'acier tiré de 3 millimètres de diamètre ; on le lime des deux côtés , afin de le rendre plat, puis on fait un œil à un bout. Lorsqu'on se sert de ce petit instrument. le petit tampon du cylindre se trouve passé dans l'œil , tandis que le bout de l'outil appuie au haut de la coche , de sorte qu'en frappant bien d'aplomb et tenant l'instrument bien verticalement, il n'y a pas de danger qu'il arrive aucun événement malheureux.

Pour *détamponner* , on fait un autre petit outil en acier, auquel on donne la forme , par le bout, d'une petite bayonnette , puis on déchasse le tampon sur l'outil à trou.

FIN.

www.ingramcontent.com/pod-product-compliance
Lightning Source LLC
LaVergne TN
LVHW022324170726
843503LV00006B/2694